CONGRÈS INTERNATIONAL

D'HYDROLOGIE, DE CLIMATOLOGIE, DE GÉOLOGIE

IVᵉ SESSION — CLERMONT-FERRAND — 1896

CONFÉRENCE

SUR LE

CLIMAT DE CLERMONT

PAR

M. A. HURION

Professeur de Physique à l'Université de Clermont
Directeur de l'Observatoire du Puy de Dôme

CLERMONT-FERRAND

TYPOGRAPHIE ET LITHOGRAPHIE G. MONT—LOUIS

2, Rue Barbançon, 2

1897

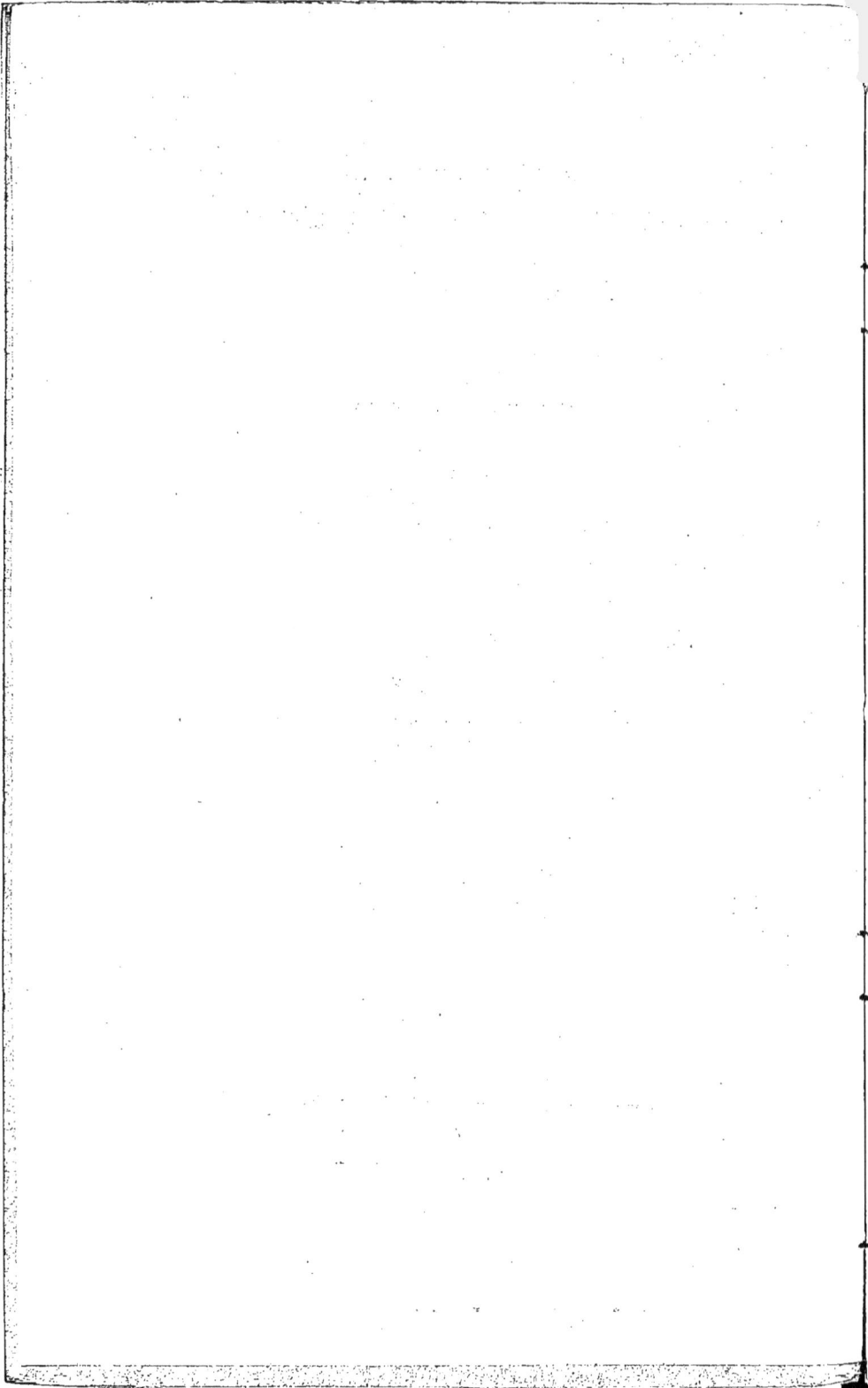

LE CLIMAT DE CLERMONT

Conférence de M. le professeur A. Hurion

Mesdames, Messieurs,

M. le docteur Fredet m'a prié de vous entretenir pendant quelques instants du climat de Clermont. Il a pensé que, placés au sommet de la montagne, en présence du panorama grandiose qui s'offre à vos regards, vous pourriez apprécier, par expérience, l'influence considérable de la situation topographique sur les différents éléments dont s'occupe la météorologie.

Cet évidemment là une idée heureuse, sauf pour le conférencier ; mais vous savez qu'un homme aimable peut vous conduire dans les plus mauvais sentiers et vous persuader que vous marchez sur une pelouse émaillée de fleurs. Aussi je n'ai pas pu refuser ce qu'on me demandait avec tant de bonne grâce ; mais je me trouve actuellement dans un cruel embarras. Habitué, par profession, à parler dans un amphithéâtre, ayant sous la main des appareils me permettant d'appuyer mes explications d'expériences démonstratives, je me sens tout dépaysé en face des données toujours arides de la statistique, et j'aurai besoin de toute votre indulgence.

Tout d'abord, je dois rendre hommage à l'énergie, à la persévérance de mon savant prédécesseur que vous avez pu voir si assidu à nos séances. M. Allued a dû lutter énergiquement, pendant de longues années, pour arriver à remplacer, au sommet du Puy de Dôme, le temple dédié au dieu des marchands, par un autre monument élevé en l'honneur de la science pure et débarrassée de toute préoccupation mercantile. C'est grâce à ses efforts qu'a été créé, en France, le premier de ces observatoires de montagne qui ont permis d'étudier les grands phénomènes de l'atmosphère. Aussi son nom restera-t-il toujours vivant dans les annales de la science météorologique.

C'est en utilisant les données accumulées depuis la fondation de l'Observatoire que je pourrai vous montrer les différentes manières dont on peut les grouper pour se faire une idée du climat d'un pays.

TEMPÉRATURE.

Je commencerai par l'étude de la température moyenne, c'est-à-dire la valeur moyenne de la demi-somme des températures minima et maxima de chaque jour pendant une longue période. Nous trouvons ainsi pour Clermont, de 1875 à 1895, une température moyenne de 10°1, et au Puy de Dôme, de 1879 à 1895, une température moyenne de 3°7 : d'où une différence de 6°4 correspondant à une diminution de température de 1° pour une augmentation de hauteur de 168^m.

Durant cette période, les années qui ont donné la température moyenne la plus basse sont, pour Clermont, l'année 1879, avec une température moyenne de 8°86, et pour le Puy de Dôme, l'année 1889, avec une température moyenne de 2°45.

Les températures moyennes annuelles les plus élevées ont été de 10°71 à Clermont en 1893, et 4°46 au Puy de Dôme en 1893.

La température moyenne ne donne d'ailleurs qu'une indication très vague, et il est préférable de calculer la température moyenne de chaque mois pour se donner une idée des différences qui existent entre la saison chaude et la saison froide.

C'est ainsi que l'on obtient, à Clermont, en janvier, une température moyenne de 1°50; en juillet, une température moyenne de 18°40 : d'où une variation annuelle de 16°90. Au Puy de Dôme, on trouve, pour janvier, — 2°78, et pour le mois d'août, 11°09 : d'où une variation annuelle de 13°87 seulement.

Toutefois, la valeur moyenne de l'amplitude de la variation des températures moyennes mensuelles, ainsi déterminée, est incorrecte, car les températures moyennes mensuelles, les plus hautes et les plus basses, ne correspondent pas toujours aux mêmes mois de l'année. Il est préférable de prendre l'amplitude de la variation pour chaque année et de faire la moyenne.

Ce procédé de calcul donne, pour Clermont, 20°1; pour le Puy de Dôme, 16°2 : le rapport des deux nombres étant 1, 2.

Les plus grandes et les plus petites amplitudes observées sont les suivantes :

CLERMONT :

1879. Août, 20°2 ; Décembre, — 7° . . . . 27°2
1882. Juillet, 17°2 ; Janvier, 0°8 . . . . 16°4

PUY DE DOME :

1895. Septembre, 15°3 ; Janvier, — 6°9 . . . . . 22°2
1882. Août, 9°0 ; Décembre, — 0°7 . . . . 9°7

On pourrait, tout en conservant la notion de température moyenne, pénétrer plus avant dans l'étude de la variation de la température avec le cours des saisons en calculant la température moyenne de chaque jour de l'année.

Pour la période s'étendant, à Clermont, de 1873 à 1890, on aurait, pour le 9 août, une température de 19°7, et pour le 10 décembre, 0°5. En représentant graphiquement les résultats par une courbe, on voit que cette dernière présente certaines inflexions particulières. C'est ainsi que la température moyenne du 21 novembre est inférieure de 1°5 à celles du 20 et du 22. La même particularité a été signalée par M. Renon pour Paris, par M. Lancaster à Bruxelles, et par le docteur Fines à Perpignan. On trouve encore des abaissements de température du 5 au 12 février et du 10 au 11 mars.

L'étude des températures moyennes montre déjà que, pendant le cours de l'année, la température varie moins au sommet du Puy de Dôme qu'à Clermont ; mais l'inconvénient du mode de calcul employé est de tendre à atténuer les différences. On peut chercher à grouper autrement les données des observations.

On calculera, par exemple, pour chaque mois de l'année, la moyenne des températures maxima et minima de chaque jour du mois, et on fera la moyenne des nombres ainsi obtenus pendant un certain nombre d'années. On pourra prendre alors la différence entre le plus grand et le plus petit des nombres ainsi déterminés ; ce qui conduira, dans le cas actuel, aux résultats suivants :

CLERMONT :

Août (moyenne des maxima) . . . 26°1 } 30°4
Janvier moyenne des minima) . . — 4°3 }

PUY DE DOME :

Août moyenne des maxima) . . . 14°4 } 19°1
Janvier (moyenne des minima). — 4°7 }

Le rapport des amplitudes de variations ainsi calculées est 1,5.

Comme on l'a fait observer plus haut, il serait plus exact de prendre, pour chaque année, la différence entre la moyenne des maxima du mois le plus chaud et la moyenne des minima du mois le plus froid, et de calculer la valeur moyenne des différences ainsi obtenue : ce qui donne, pour Clermont, 31°3, et pour le Puy de Dôme, 21°4. Le rapport reste d'ailleurs le même.

Les nombres extrêmes qui se rencontrent dans le calcul des différences sont les suivants :

CLERMONT :

1881. Juillet, 30°4 ; Janvier, — 6°2......... 36°6
1888. Août, 24°8 ; Janvier, — 2°6......... 27°4

PUY DE DOME :

1881. Juillet, 19°4 ; Janvier, — 8°2......... 27°6
1822. Juillet, 12°8 ; Décembre, — 2°7....... 15°5

Dans la période de 1876 à 1895, on trouve, pour les moyennes mensuelles des températures maxima et minima, les valeurs extrêmes suivantes :

CLERMONT :

Juillet 1881.................. 30°4 $\Big\}$ 38°2
Janvier 1885................ — 7°8

PUY DE EOME :

Juillet 1881............... 19°4 $\Big\}$ 28°2
Février 1895............... — 8°8

Si l'on veut faire ressortir encore d'une façon plus nette le mode de variation annuelle de la température aux deux stations, on peut prendre, pour chaque année, la différence entre la température la plus élevée et la température la plus basse, et calculer la moyenne des nombres ainsi obtenus : ce qui donne 50°6 pour Clermont et 39°3 pour le Puy de Dôme.

Dans les calculs précédents, les nombres extrêmes sont les suivants :

CLERMONT :

1879. 3 août, 35°0 ; 10 décembre, — 23°0... 58°0
1880. 19 juillet, 33°0 ; 21 janvier, — 14°2... 47°2

PUY DE DOME :

1893. 17 août, 25°6 ; 2 janvier, — 18°7...... 43°3
1884. 13 juillet, 23°0 ; 23 novembre, — 10°9.. 33°9

Pendant la période considérée, les températures extrêmes observées ont été les suivantes :

CLERMONT :

16 août 1892................ 38°2 ⎱
10 décembre 1879.......... — 23° ⎰ 61°2

PUY DE DOME :

16 août 1892................ 27°8 ⎱
18 janvier 1891............. — 21°5 ⎰ 49°3

On a d'ailleurs noté, à Clermont, 12 fois des températures au moins égales à 35°, et 8 fois des températures comprises entre 30° et 35° ; de même qu'on a observé 2 fois des températures infé-rieures à — 20°, 9 fois des températures comprises entre — 15° et — 20°, et 8 fois des températures comprises entre — 10 et — 15°.

Au Puy de Dôme, de 1878 à 1894, on a noté 5 fois des tempé-ratures comprises entre 25° et 28°, 12 fois des températures com-prises entre 20° et 25°, une seule fois une température inférieure à — 20°, 12 fois des températures comprises entre — 15° et — 20°,

Si les résultats précédents sont intéressants au point de vue de l'agriculture, en ce qu'ils nous renseignent sur les varia-tions que peut éprouver le thermomètre pendant le cours de l'année, ils ne nous donnent pas une idée très précise de l'action du climat sur notre organisme, qui peut s'adapter à des variations lentes de la température, mais souffre toujours des variations brusques. A ce point de vue, il est important de considérer la variation diurne de la température, et la différence de régime entre les deux stations va devenir encore plus accentuée.

Nous aurons une première idée de l'amplitude de la variation diurne en prenant, pour une assez longue période, la moyenne des températures maxima, puis la moyenne des températures minima, et faisant la différence. Ce procédé de calcul donne les nombres suivants :

Clermont, 12°5 ; Puy de Dôme, 4°9 : dont le rapport est 2,5.

Il est bien évident que l'amplitude moyenne de la variation diurne est variable avec les saisons. Si donc on calcule sa valeur moyenne pour les différents mois de l'année, on obtiendra les valeurs extrêmes suivantes :

Pour Clermont : Décembre, 8°9 ; août, 15°8 ;
Pour le Puy de Dôme : Janvier, 4°2 ; août, 6°3.

Mais les valeurs moyennes ne donnent que des valeurs affai-blies des écarts diurnes qu'on peut observer. On a noté, par

exemple, à Clermont, une variation diurne de 29° le 10 août 1885 ; la plus forte variation diurne au Puy de Dôme a été seulement de 13°6 le 24 juin 1883.

On peut compter en moyenne, par année, à Clermont, 40 jours pour lesquels la variation diurne est comprise entre 20° et 30°, et qui se répartissent ainsi suivant les saisons :

Hiver, 2 ; printemps, 11 ; été, 17 ; automne, 10.

Dans la période de 20 années, comprise entre 1875 et 1895, on a constaté des variations diurnes comprises entre 25° et 30°, qui se répartissent de la manière suivante :

2 fois en février, 6 fois en mars, 8 fois en mai, 7 fois en juin, 6 fois en juillet, 11 fois en août, 8 fois en septembre, 3 fois en octobre.

Comme exemples de variations rapides de température, à Clermont, on peut citer les nombres suivants, se rapportant à l'année 1874 :

2 mars.... — 3°8 à 17°, soit 20°8 en 5 heures 1/2 ;
20 avril.... 2°2 à 24°4, soit 22°2 en 6 heures ;
15 mai.... 2°2 à 27°0, soit 24°8 en 6 heures 1/2 ;
7 octobre.. + 19° à + 9°, soit 10° en 2 heures (4 h. soir à 6 h. soir).

La méthode de calcul qui consiste à prendre les températures maxima et minima de chaque jour n'est peut-être pas celle qui renseigne le mieux sur la marche diurne de cet élément ; aussi a-t-on, depuis 1888, relevé sur les courbes des enregistreurs les températures heure par heure et calculé, pour chaque mois de l'année, la température moyenne des différentes heures du jour. On a pu de ces données déduire la variation diurne moyenne de la température pour les différents mois et pour l'année entière. On a ainsi trouvé, pour la moyenne annuelle de la variation diurne, à Clermont, 8°1 ; au Puy de Dôme, 2°1. Le rapport des deux nombres est égal à 4.

La moyenne de la variation diurne en janvier est de 5°2 à Clermont, et de 0°7 seulement au Puy de Dôme. Pour le mois d'août, on trouve 12°3 à Clermont, 3°4 au Puy de Dôme.

L'étude de la variation diurne du thermomètre est donc venue accentuer et préciser les différences de régime des deux stations, et c'est par une étude complète de cet élément météorologique qu'on peut le mieux caractériser le climat d'une région donnée.

Il est d'ailleurs facile de comprendre pourquoi la température est beaucoup plus variable dans une vallée qu'au sommet d'une montagne isolée. L'atmosphère se laisse traverser par les rayons solaires sans s'échauffer d'une manière bien appréciable ; sa température ne peut varier que par suite d'un contact plus ou moins long avec des corps solides ou liquides, chauds ou froids. Dès lors, une masse d'air, emprisonnée pour ainsi dire dans une vallée, aura de nombreux points de contact avec le sol, qui s'échauffe pendant le jour sous l'action du soleil et se refroidit pendant la nuit par un effet de rayonnement. Dans ces conditions, la température de la masse d'air considérée devra s'élever beaucoup pendant le jour et s'abaisser pendant la nuit. Si, au contraire, on se trouve au sommet d'une montagne, la surface de contact entre le sol et l'air est très faible, et de plus la masse gazeuse ne se trouve point gênée dans ses mouvements ; elle ne pourra donc ni s'échauffer beaucoup pendant le jour, ni se refroidir beaucoup pendant la nuit.

INVERSION DE TEMPÉRATURE.

La différence de régime thermométrique des deux stations se traduit par un fait qui a paru surprenant au premier abord : nous avons vu que la température à Clermont est en général plus élevée qu'au Puy de Dôme ; cependant on observe assez fréquemment une distribution inverse de la température, le thermomètre indiquant alors une température plus haute au Puy de Dôme qu'à Clermont. Il y a alors inversion de température.

De pareils cas peuvent se reproduire la nuit dans tous les mois de l'année, comme le montre le relevé suivant des cas d'inversion à 6 heures du matin pendant la période qui s'étend de 1878 à 1888 :

Janvier, 128 cas ; février, 78 cas ; mars, 87 cas ; avril, 17 cas ; mai, 3 cas ; juin, 3 cas ; juillet, 7 cas ; août, 44 cas ; septembre, 70 cas ; octobre, 89 cas ; novembre, 74 cas ; décembre, 96 cas.

La différence moyenne des températures au moment de l'inversion (6 h. matin) est faible en été (juillet, 1°), et plus forte en hiver (décembre, 6°2).

Le tableau suivant montre, pour les différents mois, les plus grandes inversions observées à 6 heures du matin :

Janvier 1882......	13°6	Juillet 1884.......	1°9
Février 1882......	11°8	Août 1882........	4°9
Mars 1887........	9°3	Septembre 1884...	8°8
Avril 1883........	3°4	Octobre 1888.....	11°1
Mai 1884.........	3°6	Novembre 1881...	13°2
Juin 1882.........	3°4	Décembre 1879....	20°2

L'exagération manifeste du phénomène en hiver se traduit par cet autre fait que l'inversion peut se produire en cette saison, non-seulement pendant la nuit, mais même pendant le jour.

On peut constater, par exemple dans le mois de décembre, des inversions dont les valeurs moyennes seraient les suivantes :

6 h. matin	6°2	3 h. soir	1°4
9 h. matin	3°9	6 h. soir	2°3
Midi	1°2	9 h. soir	4°2

On aura une idée de la fréquence de cette inversion complète de la température en remarquant que, pendant la période considérée, les nombres de jours pour lesquels la température au Puy de Dôme a été constamment supérieure à celle de Clermont se sont répartis de la manière suivante :

26 en janvier, 5 en février, 26 en décembre.

Pendant le mois de janvier 1880, cette situation particulière a duré 11 jours consécutifs du (4 au 15).

Les conditions météorologiques favorables à la production de l'inversion de température sont en premier lieu le calme de l'atmosphère et aussi la pureté du ciel. Le vent est alors très modéré au Puy de Dôme et nul à Clermont. On reconnaît là les caractères des régions de hautes pressions ; c'est donc par baromètre élevé qu'on peut s'attendre à voir les inversions se produire.

La pureté du ciel favorise, pendant la nuit, le rayonnement du sol vers les espaces célestes, et sa température s'abaisse rapidement. Dans la vallée, l'air participe à ce refroidissement ; tandis que sur le sommet de la montagne, l'action réfrigérante du sol est très faible. On comprend dès lors pourquoi la température observée la nuit à Clermont est inférieure à celle du Puy de Dôme et cela dans toute saison. En hiver, le phénomène se complique de ce fait, qu'aux premières heures du jour, la vapeur qui se dégage du sol de la vallée légèrement chauffée, se trouve immédiatement en contact avec une couche d'air très froide, d'où condensation sous forme de brouillard qui vient arrêter les rayons solaires et les empêcher d'arriver au sol. On assiste alors, du sommet du Puy de Dôme à un spectacle vraiment merveilleux : toutes les vallées sont remplies d'une sorte de mer de nuage éclairée par le soleil ; les sommets des collines émergent à la façon d'îlots de cette sorte de cahos lumineux.

GELÉES.

A la question de température se rattache celle de l'étude des gelées, qui intéresse tout particulièrement l'agriculture. On peut compter comme jours de gelée soit ceux pour lesquels le thermomètre sous abri descend à 0° ou au-dessous, soit encore ceux pour lesquels c'est le thermomètre placé à découvert sur le sol qui donne des indications inférieures à 0°. Il est bien évident que le nombre de jours de gelées sera plus grand dans le second cas que dans le premier. C'est ce qu'indique le tableau suivant, résumant, par mois, le nombre moyen de jours de gelées, à Clermont, pendant la période de 1875 à 1895 :

	Sous abri.	A découvert.
Janvier	24	26
Février	17	21
Mars	16	21
Avril	6	15
Mai	1	7
Juin	0	1
Juillet	0	1
Août	0	1
Septembre	1	4
Octobre	6	12
Novembre	12	19
Décembre	21	25
	104	151

On peut donc observer, à Clermont, des gelées à découvert dans tous les mois de l'année.

Ce sont les gelées tardives du printemps ou les gelées hâtives de l'automne qui peuvent produire les effets les plus désastreux sur les cultures; aussi a-t-il paru intéressant de signaler les dates extrêmes auxquelles elles peuvent être observées.

Nous commencerons par les gelées sous abri. Elles n'ont jamais cessé avant le mois d'avril et se sont terminées 11 fois en avril (2 fois du 10 au 20, 5 fois du 20 au 30). Elles se sont terminées 13 fois en mai (4 fois avant le 10, 7 fois du 10 au 20, et 2 fois du 20 au 31).

Les gelées automnales ont commencé 5 fois en septembre (2 fois le 17, 3 fois du 20 au 30); 14 fois en octobre (6 fois avant le 10, 3 fois du 10 au 20, 5 fois entre le 20 et le 31).

Quant aux gelées à découvert, elles ne cessent jamais avant le mois de mai. Elles se sont terminées 12 fois en mai (1 fois avant le 10, 5 fois du 10 au 20, 6 fois du 20 au 31); 3 fois en juin (une fois le 3 (1893), une fois le 16 (1890), une fois le 17 (1882). Elles ont commencé 13 fois en septembre (5 fois avant le 10, 4 fois du 10 au 20, 4 fois du 20 au 30).

Dans ce relevé ne sont pas comprises les gelées exceptionnelles qui se sont produites à découvert aux dates suivantes :

28 juillet 1881, 29 août 1881, 28 août 1884, 20 août 1885, 23 août 1887 et 15 août 1890.

On peut encore signaler des périodes de journées consécutives de gelées sous abri correspondant aux dates ci-après :

59 jours consécutifs (du 25 novembre 1890 au 22 janvier 1891, avec une température minima de — 15°8); 36 jours consécutifs (du 25 novembre au 30 décembre 1879, avec une température minima de — 23°; 35 jours consécutifs (du 4 janvier au 8 février 1880, avec une température minima de — 14°6).

Les périodes moins longues ne sont pas aussi rares. On a pu en noter 3 de 25 jours en 1885, 1888 et 1891 ; 4 de 20 à 25 jours, et 29 de 10 à 20 jours.

La pureté du ciel est, comme on le sait, la condition essentielle à la production de la gelée. Dans notre région, ainsi que l'a fait remarquer M. Plumandon, les gelées se produisent principalement dans les deux cas suivants :

Lorsqu'une dépression a passé dans le Nord-Ouest de l'Europe en étendant son action sur la France, qu'elle s'éloigne, et qu'une autre aborde les côtes de l'Atlantique, l'approche de cette dernière a pour premier effet d'épurer le ciel, et si cette situation se maintient un peu de temps, on a des gelées ; la plus forte précède immédiatement le changement de temps. En général, ces gelées sont peu intenses. Il n'en est plus de même dans le second cas.

Il existe alors une dépression sur la Méditerranée, non loin des côtes de France, le plus souvent sur le golfe de Gênes. Au début, le ciel est couvert; mais au bout de quelque temps, il s'éclaircit et la gelée survient. Comme les dépressions du golfe de Gênes sont assez persistantes, les gelées peuvent durer plusieurs jours et causer de grands dommages.

PLUIE.

La hauteur moyenne annuelle de l'eau météorique recueillie est de 637^{mm}2 à Clermont (512^{mm} en 1890, 847^{mm} en 1875), et de 1,620^{mm}5 au Puy de Dôme (1,068^{mm} en 1881, 2,149^{mm} en 1895).

Il pleut donc deux fois et demie plus au sommet de la montagne que dans la vallée.

Le nombre moyen des jours de pluies est de 140 par an pour Clermont, et de 220 pour le Puy de Dôme.

Si l'on étudie le régime des pluies dans les deux stations, on voit qu'à Clermont, la hauteur mensuelle d'eau recueillie, faible en janvier (32^{mm}9), commence à augmenter en avril, passe par un maximum en juin (91^{mm}0) où elle est presque trois fois plus grande qu'en janvier, puis décroît lentement jusqu'en novembre, pour diminuer ensuite rapidement. De sorte que si on groupe les résultats par saison, on trouve, pour l'été, une hauteur d'eau de 211^{mm}9 ; pour le printemps, une hauteur de 164^{mm}4 ; pour l'automne, une hauteur de 160^{mm}3, et pour l'hiver, 100^{mm}4.

L'été est la saison dans laquelle il tombe le plus d'eau; le printemps et l'automne sont à peu près aussi pluvieux l'un que l'autre.

D'ailleurs, le nombre moyen de jours de pluie, par mois, varie entre 10 en août et 14 en mai : d'où il résulte, pour la hauteur moyenne d'eau par jour de pluie, des valeurs comprises entre 2^{mm}8 en décembre et 6^{mm}8 en juin.

Tous ces résultats montrent qu'à Clermont, les chutes de pluie les plus importantes proviennent des orages qui ont lieu pendant la saison chaude et peuvent donner lieu à des précipitations atmosphériques très importantes, ainsi qu'on peut en juger par quelques exemples :

Le 3 juin 1875, il est tombé 68^{mm} d'eau en 1 h. 15 m., soit 0^{mm}9 par minute ;

Le 16 juillet 1892, il est tombé 22^{mm} d'eau en 25 minutes, soit 0^{mm}9 par minute ;

Le 24 septembre 1892, il est tombé 12^{mm} d'eau en 10 minutes, soit 1^{mm}2 par minute ;

Le 11 juillet 1895, il est tombé 24^{mm} d'eau en 10 minutes, soit 2^{mm}4 par minute.

On peut citer également comme pluie exceptionnelle, à Clermont, celle du 12 septembre 1875, qui a donné 102^{mm} en 12 heures.

Au sommet du Puy de Dôme, la hauteur moyenne mensuelle

maxima, en janvier (151^{mm}7), varie peu jusqu'en mars, puis diminue assez régulièrement jusqu'en août, et varie peu d'août en septembre, où elle passe par un minimum pour augmenter rapidement en octobre.

En groupant les mois par saison, on obtient les résultats moyens suivants :

Hiver, 449^{mm}6; printemps, 419^{mm}2; automne, 395^{mm}5; été, 366^{mm}5.

Le maximum de précipitation atmosphérique correspond à l'hiver; le printemps est plus humide que l'automne, et c'est en été qu'il pleut le moins. Toutefois, la variation est moins accusée qu'à Clermont, puisque le rapport entre les hauteurs d'eau recueillie en hiver et en été est seulement 1.2 au lieu de 2.

Le nombre moyen des jours de pluie, par mois, oscille entre 17 en mars et 21 en octobre : ce qui donne pour hauteurs moyennes, par jour de pluie, des nombres variant entre 6^{mm}3 en octobre et 8^{mm}4 en février, valeurs peu différentes entre elles et se rapprochant de celles qu'on obtient en été à Clermont.

VENTS.

Il me reste à dire quelques mots du régime des vents au sommet du Puy de Dôme, où les influences locales peuvent être considérées comme nulles.

En toute saison domine le vent d'Ouest; puis viennent les vents de Sud-Ouest; les vents de Nord-Est et de Nord-Ouest sont à peu près aussi fréquents l'un que l'autre; les vents de Sud, Nord, Est et Sud-Est sont les moins fréquents. La prédominance des vents d'Ouest et de Sud-Ouest s'accuse surtout en été; les vents de Nord-Est paraissent un peu plus rares dans cette saison que dans les autres.

La fréquence des vents d'Ouest et de Sud-Ouest est due aux courants généraux de l'atmosphère. Quant aux vents de Nord-Est, ils s'expliquent par la formation sur le golfe de Gênes de dépressions plus ou moins persistantes.

La production de la pluie est liée à la direction des vents. Si l'on divise la hauteur d'eau recueillie par un vent de direction donnée, par le temps que dure la précipitation atmosphérique, on obtient ce qu'on peut appeler le coefficient de pluviosité du vent pour cette direction considérée.

M. Plumandon, qui a effectué ces calculs, a publié les résultats suivants, dans lesquels il a pris arbitrairement égal à l'unité le coefficient de pluviosité du vent d'Est :

```
E..... 1.00   N...... 4.35   W..... 9.35   S...... 1.45
ENE... 1.40   NNW.. 5.60    WSW. 5.45    SSE... 1.35
NE.... 3.00   NW... 5.65    SW.... 2.60   SE.... 1.25
NNE... 3.35   WNW. 7.50     SSW.. 1.30   ESE... 1.15
```

Des résultats presque identiques ont été obtenus en Belgique par M. Lancaster.

Comme les vents d'Ouest sont les plus fréquents, c'est en somme par ce vent que se produisent les pluies les plus fréquentes et les plus copieuses.

Les vents agissent également sur le thermomètre ; mais leur action varie un peu avec les saisons. En hiver, les vents de Nord-Est sont les plus froids et les vents de Sud les plus chauds ; les vents d'Ouest sont plus chauds que les vents d'Est. En été, le vent d'Est est plus chaud que le vent d'Ouest, qui est lui-même un peu plus chaud que le vent de Nord.

La vitesse du vent est presque toujours assez grande au sommet du Puy de Dôme. Les vitesses de 25 mètres à la seconde sont fréquentes, et on a pu relever des vitesses dépassant 50 mètres à la seconde.

Je citerai les exemples suivants :

    30 juin 1888.................... W 53^m
    25 octobre 1894................. SW 53^m
    12 novembre 1895............... SW 53^m

Les vents sont moins violents dans la vallée ; on a cependant noté à Clermont des vitesses de 33 mètres à la seconde.

Telles sont les données générales que nous fournissent les observations et que j'ai cru devoir vous présenter, tout en m'excusant d'avoir si longtemps abusé de votre patience.

Clermont-Ferrand, typographie et lithographie G. Mont-Louis, rue Barbançon, 2.

72

CLERMONT-FERRAND. — TYPOGRAPHIE G. MONT-LOUIS.

www.ingramcontent.com/pod-product-compliance
Lightning Source LLC
Chambersburg PA
CBHW060517200326
41520CB00017B/5074